Le JARDIN DES PLANTES

GIRAFE, HIPPOPOTAME, ÉLAN, RHINOCÉROS, RENNE SANGLIER.

PARIS.

LIBRAIRIE HACHETTE & Cⁱᵉ· BOULEVARD SAINT GERMAIN, Nᵒ 79.

LE JARDIN
DES PLANTES

QUATRIÈME SÉRIE

LA GIRAFE — L'HIPPOPOTAME — L'ÉLAN — LE RHINOCÉROS
LE RENNE — LE SANGLIER

PAR

TH. LALLY

PARIS
LIBRAIRIE HACHETTE & CIE
79, BOULEVARD SAINT-GERMAIN, 79
1875

LA GIRAFE

Est-il dans la merveilleuse collection d'animaux dont le bon Dieu a orné notre globe, un animal plus étrange que la girafe?

Voyez-la avec son corps de cheval, couvert d'une peau de léopard, avec ses pattes semblables à celles des bœufs, et sa tête fine, aux cornes velues, aux longues oreilles, aux yeux d'antilope, perchée sur un cou qui s'en va s'allongeant comme un clocher de village. Ne trouvez-vous pas que cet animal, qui ne ressemble à rien de ce que vous avez vu jusqu'ici, est extraordinaire, et cependant beau? Son œil si doux montre tout de suite que nous n'avons pas affaire ici à une méchante bête, et que la girafe, que les anciens appelaient le caméléopard, n'a de ce frère du tigre que la peau.

En effet, ce grand animal appartient à la famille des herbivores, ou mangeurs d'herbe, et il est plus inoffensif que notre bœuf lui-même.

Pourquoi, me direz-vous, puisque le bon Dieu a créé la girafe pour manger de l'herbe, lui a-t-il donné un si grand cou, qui ne doit cependant pas lui être commode pour brouter le gazon?

Apprenez que, dans sa prévoyante bonté, le divin Créateur, en répartissant chaque espèce d'animaux sur les parties les plus diverses de notre globe, a eu soin de gratifier chacune d'elles d'ap-

titudes spéciales, conformes au milieu auquel il les destinait.
Ainsi, s'il a donné à l'éléphant une trompe pour pouvoir briser les
branchages et arracher les roseaux qui lui servent de nourriture;
s'il a donné à l'ours polaire une fourrure épaisse couleur de
neige, et ainsi à chaque animal un don spécial, il a donné à la
girafe un long cou et de grandes jambes pour qu'elle puisse ha-
biter les vastes solitudes de l'Afrique centrale où nous la trouvons
aujourd'hui.

Grâce à son cou, elle peut à la fois paître l'herbe des déserts
et enlever avec sa langue les feuilles des rares arbustes qui crois-
sent dans ces lieux désolés. Elle peut en même temps embrasser
d'un regard un horizon étendu. Ses yeux perçants lui ont-ils, du
sommet de cet observatoire, fait découvrir au loin un ennemi, ses
grandes jambes lui permettent en quelques instants de se dérober
à toutes ses atteintes et de défier à la course, grâce à cette avance,
les animaux les plus rapides.

Sa forme particulière condamne la girafe, d'un autre côté, à
rester dans les déserts pour lesquels elle a été créée. Si elle vou-
lait gagner les pays boisés ou montueux, elle verrait à chaque
instant sa marche entravée soit par les branches des arbres, qui
ne pourraient livrer passage à son long cou, soit par les rochers et
les ravins, que ses longues jambes ne sauraient franchir.

L'HIPPOPOTAME

L'hippopotame est, comme la girafe, un habitant de l'Afrique centrale.

Seulement, au lieu de chercher les vastes plaines de sable, il ne se plaît que dans les plus riches cantons de cette terre brûlante, là où de grands fleuves et de plantureux herbages lui permettent de satisfaire ses goûts.

Cet animal monstrueux ne se remue que lentement et péniblement sur le sol où il vient chercher sa pâture; mais dans l'eau il nage avec la rapidité d'un poisson. Cette faculté lui a valu son nom, qui vient du grec et qui signifie *cheval des fleuves*, quoique sa forme ne mérite guère d'être comparée à celle du plus gracieux des animaux.

En effet, il est impossible de trouver une créature plus disgracieuse; son corps, rond, informe, est porté par quatre jambes tellement courtes, qu'elles laissent presque traîner son ventre sur le sol.

Sa tête est à l'avenant : de courtes oreilles, de gros yeux ronds et des narines puissantes, le tout placé de façon à se trouver au-dessus de l'eau alors même que le corps est complétement immergé, forment un ensemble aussi laid que possible, mais admirablement approprié à la manière de vivre de l'animal, toujours plongé dans l'eau.

L'hippopotame est aussi un herbivore et par conséquent un être

inoffensif ; cependant, il est redoutable dans sa colère : lorsqu'il est poursuivi par les nègres qui cherchent à le harponner pour s'emparer de sa chair, il se retourne souvent contre ses agresseurs, renverse avec son dos la barque qui les porte, et broie dans son énorme mâchoire les téméraires chasseurs.

En voyant ce pesant animal, vous comprendrez combien il est difficile de le transporter depuis le centre de l'Afrique, pendant des milliers de lieues, jusqu'en Europe.

Aussi n'y a-t-il que deux Jardins des Plantes, celui de Londres et celui de Paris, qui possèdent encore aujourd'hui de ces animaux vivants, et encore ne les ont-ils obtenus qu'au prix de grandes dépenses.

Les deux beaux hippopotames de notre Jardin des Plantes de Paris attirent pour cette raison un grand nombre de visiteurs, qui viennent contempler ces bêtes si curieuses.

On a creusé dans la cour qui leur est réservée un vaste bassin, où on les voit plonger et folâtrer. Ils se sont du reste parfaitement habitués à leur nouvelle existence, et ils ne dédaignent pas plus que l'ours Martin ou leur voisin l'éléphant, les morceaux de pain que leur jettent à l'envi les enfants qui viennent leur rendre visite.

L'ÉLAN

L'élan est le cerf des régions septentrionales de l'Europe et de l'Amérique. On le trouve surtout en Russie, en Suède et au Canada.

Il se distingue du cerf par la forme de ses cornes, ou plutôt de ses bois, car c'est ainsi que l'on désigne les cornes des animaux de la famille du cerf. Les bois de l'élan, au lieu d'être ramifiés comme les branches d'un arbre, s'épanouissent en une large surface comme une sorte d'éventail. Ce qui le distingue aussi du cerf, c'est la grosse bosse charnue qu'il a sur le nez et qui rend sa tête peu élégante.

L'élan est un animal non-seulement inoffensif, mais même facile à apprivoiser. Il connaît la personne qui l'a élevé, la suit comme un chien et manifeste sa joie lorsqu'il la revoit après une longue séparation.

En Suède, on lui faisait autrefois traîner de légères voitures, et il s'acquittait fort docilement de cette mission.

En Amérique, les sauvages Indiens n'ont jamais pensé à apprivoiser l'élan et ils se contentent de le chasser pour avoir sa chair et sa peau. Ils choisissent pour le poursuivre le moment où la terre est couverte de neige; chaussés de raquettes, espèce de patins en bois qui les maintiennent sur ce sol glissant, ils peuvent ainsi lutter de vitesse avec l'animal, qui s'enfonce dans la neige et finit par se laisser prendre.

LE RHINOCÉROS

Le rhinocéros est après l'éléphant le plus gros et le plus puissant animal de notre globe.

Ce qui le distingue de tous les autres animaux, c'est la corne pointue qu'il porte sur son nez et qui lui sert d'arme. Cette corne est simple chez le rhinocéros de l'Inde, celui que représente notre gravure ; chez le rhinocéros d'Afrique, elle est double. Ce caractère permet de reconnaître facilement les deux espèces.

Le corps du rhinocéros est recouvert d'une peau épaisse, repliée d'une façon étrange autour des membres, et tellement dure, qu'une balle de fusil ne la perce que difficilement.

Le rhinocéros habite les profondeurs des plus épaisses forêts, dans le voisinage des marais, où il aime à rester pendant des heures plongé dans la vase.

Il se nourrit de racines et des jeunes pousses des arbres.

Son caractère est farouche ; il fuit la société de tous les êtres ; cependant il n'attaque jamais sans être provoqué ; mais une fois furieux, il devient terrible, et rien ne peut résister à son formidable élan et à sa longue corne, qu'il manœuvre comme une épée ; le tigre, l'éléphant, fuient alors devant lui.

Enlevé jeune à ses forêts, il s'apprivoise facilement et s'habitue à sa captivité.

Les princes indiens se plaisent à harnacher richement des rhinocéros et à leur faire traîner des chars.

Avec la peau du rhinocéros, les Indiens se font des boucliers que le sabre ne peut entamer.

Les Chinois font un usage moins guerrier de cette peau ; ils la préparent d'une façon particulière et en font une gelée fort appréciée, que l'on ne sert que sur la table de l'empereur et dans les grands dîners. Les voyageurs qui ont goûté de ce plat étrange assurent qu'il rappelle la tête de veau.

LE RENNE

Le renne appartient comme l'élan, que nous avons décrit tout à l'heure, à la famille du cerf. Comme lui, il n'habite que les régions les plus septentrionales du globe, et il s'étend même encore plus au nord, puisqu'on le rencontre jusqu'au Spitzberg, au Groenland, dans ces pays où le froid est si rigoureux, que la mer y est presque constamment gelée.

Le renne est la providence de ces régions désolées ; sans lui, l'homme ne pourrait y subsister.

Ainsi, pour les Lapons principalement, le renne remplace à la fois le cheval, le bœuf et le mouton. Aussi, cet animal qui s'habitue facilement à l'état de domesticité, est-il devenu le compagnon inséparable de ces peuples du Nord.

Le plus pauvre Lapon possède au moins quelques rennes; les riches en ont d'immenses troupeaux, qu'ils font paître pendant le jour dans les prairies et rentrent la nuit dans des étables, comme l'on fait dans nos pays pour les bœufs.

Voici maintenant tous les services que ces peuples ingénieux savent obtenir de ces doux animaux.

Tout d'abord, le renne, attelé comme un cheval, traîne des chariots ou des traîneaux; sa vitesse est considérable, et, sur la glace ou la neige, il dépasse le cheval le plus rapide.

La femelle donne un lait excellent, l'égal au moins du lait de notre vache, et dont les Lapons tirent en outre un très-bon beurre et du fromage.

La chair du renne, qui est excellente, forme la base de la nourriture de ces peuples.

Son poil fournit une fourrure épaisse et chaude, et sa peau se transforme en cuir souple et fort qui sert à confectionner de solides chaussures. Avec les poils roides de ses pieds, on garnit les semelles des souliers, pour les rendre moins glissantes sur la neige. Les longs poils qui garnissent le cou sont utilisés pour la couture, et ses tendons procurent une corde résistante.

On se sert des vieux bois de renne pour fabriquer les manches de couteaux et tous les ustensiles de chasse et de ménage; en faisant bouillir les jeunes bois, on obtient de la gélatine.

On voit donc que nous avions raison en disant que le renne est la providence de ces régions désolées, puisqu'il fournit à leurs habitants la nourriture, le transport, sans compter les services secondaires.

Le renne ne peut vivre que dans les pays froids; aussi a-t-on

essayé vainement de l'acclimater dans nos pays; la chaleur l'abat,
et il dépérit promptement; les animaux de cette espèce que nous
voyons dans nos Jardins des Plantes ne donnent qu'une faible idée
de la beauté et des précieuses qualités de ces beaux coursiers des
plaines glacées.

LE SANGLIER

Le sanglier n'est autre que le cochon à l'état sauvage. Il se distingue cependant du porc domestique par plusieurs particularités.

Son corps est couvert d'une épaisse fourrure de longs poils roides
d'un brun fauve, et que l'on appelle soies, comme du reste ceux
qui sont parsemés sur le dos du porc domestique.

Sa tête volumineuse porte des oreilles courtes, droites et très-
mobiles. Son museau se termine en un boutoir d'une grande force au
moyen duquel il creuse le sol et déterre les racines dont il fait sa
nourriture.

De chaque côté de sa bouche sortent deux dents recourbées en
dehors et en dessus, qui sont parfois très-longues et qui forment une
arme terrible.

Le sanglier est répandu sur toute la surface de l'ancien monde; on
le trouve en quantité dans toutes les forêts de la France, principalement dans les Ardennes et dans les Vosges.

Pendant l'hiver, il se retire dans les endroits couverts de broussailles

et il se nourrit alors à peu près indifféremment de tout ce qu'il trouve ;
non-seulement il mange des racines, des glands, des châtaignes, mais
il fait encore la chasse aux lézards, aux taupes, aux lapins. En un mot,
c'est un animal omnivore, c'est-à-dire qui mange aussi bien de l'herbe
que de la viande.

En été, le sanglier quitte les profondeurs de la forêt et s'approche
des champs cultivés ; il devient alors très-nuisible, car il dévaste les
plantations, bouleverse le sol et mange les pommes de terre, les légu-
mes et même les grains.

Une troupe de sangliers qui s'abat sur un champ détruit en une
nuit toute la récolte ; aussi est-il la terreur des paysans, qui sont
obligés, dans les pays où ces animaux sont nombreux, de veiller nuit et
jour sur leur bien.

Le sanglier ne semble craindre aucun animal ; dans les forêts de
l'Inde, où on le trouve en grand nombre, il n'hésite pas à s'attaquer
aux panthères et aux tigres. Pour chasser ces puissants animaux, les
sangliers, se réunissent, il est vrai, en troupe, mais on a vu souvent un
seul sanglier se ruer sur une panthère et la mettre en fuite. Cependant
le sanglier n'est pas féroce, il n'attaque jamais personne, et il ne devient dangereux que lorsqu'on le tourmente.

La chasse au sanglier a été de tout temps un des amusements fa-
voris des princes et des nobles. On le chassait autrefois en grand appa-
rat avec des meutes de chiens et des piqueurs armés d'épieux, sortes de
lances courtes et solides.

Aujourd'hui on le chasse de différentes façons, mais toujours avec
des chiens.

Les chasseurs suivent à cheval la meute lancée à sa poursuite ;
lorsque le sanglier est épuisé, il s'arrête, s'accule à un buisson et lutte

avec les chiens, qu'il éventre souvent avec ses longues défenses recourbées; les chasseurs arrivent alors et le tuent à coups de fusil.

Lorsque le sanglier est pris jeune, il s'apprivoise facilement; on peut même lui apprendre à faire des tours, tels que sauter dans un cerceau, danser tout debout; on a vu ainsi, dans des cirques, des sangliers savants.

Il faut peu de temps du reste pour amener le sanglier à l'état domestique; au bout de quelques générations, il perd toutes ses particularités et ne se distingue plus du porc domestique.

LIBRAIRIE HACHETTE ET CIE

BOULEVARD SAINT GERMAIN, NO. 79 PARIS.

MAGASIN DES PETITS ENFANTS

Nouvelle collection de contes avec un texte imprimé en gros caractères et de nombreuses illustrations en chromolithographie.

PREMIÈRE SÉRIE.

Format Petit in-4°, a 2 fr.

LES TROIS OURS	LE PRINCE GRENOUILLE
LE PETIT CHAPERON ROUGE	LES ENFANTS DANS LA FORÊT
LE CHIEN DU MONT SAINT-BERNARD	LES HEURES DE RÉCRÉATION
LE CHAT BOTTÉ	LA CHATTE BLANCHE
LES ANIMAUX DE LA FERME	LE JOUR DE MA FÊTE
HISTOIRE D'UNE POUPÉE	UNE VISITE À LA FERME
FRIQUET L'ÉCUREUIL	UN DINER DANS LE MONDE DES CHIENS
LES AVENTURES D'UNE CHATTE BLANCHE	LE JARDIN DES PLANTES (4 Séries)
JACQUES ET SES TROIS VOYAGES MERVEILLEUX	LA PETITE MÉNAGERIE
LES FÉES	LA BELLE AU BOIS DORMANT
HISTOIRE DE TOM POUCE	MONSIEUR BÉBÉ
LA BELLE AUX CHEVEUX D'OR	L'OURS MARTIN
LES BONS PARENTS	L'AGNEAU DE MARGUERITE
LES VACANCES DE GUILLAUME	L'AMI TOC
LA BELLE ET LA BÊTE	JEAN ET JEANNETTE

DEUXIEME SÉRIE.

Format in-8°, a 1 fr.

JACQUES LE BAVARD	LE PETIT CHAPERON ROUGE
FIDÈLE LE BON CHIEN	LE PETIT POUCET
LE PRINCE AU LONG NEZ	ALI-BABA
UN THÉ DANS LE MONDE DES CHATS	LA BARBE BLEUE
LA BELLE ET LA BETE	ALADDIN OU LA LAMPE MERVEILLEUSE
LA BELLE AUX BOIS DORMANT	MA MÈRE
LE THÉÂTRE DE GUIGNOL	LE CHAT BOTTÉ
LE BAL COSTUMÉ	TOM-POUCE
UNE FÊTE D'ENFANTS	LA CHATTE BLANCHE
JACQUES LE TUEUR DE GÉANTS	LA BELLE AUX CHEVEUX D'OR
CENDRILLON	ANIMAUX SAUVAGES
L'OISEAU BLEU	ANIMAUX DOMESTIQUES
JEANNE LA DÉSOBÉISSANTE	LE CHIEN DE DAME GRÉGOIRE

TROISIÈME SÉRIE.

Format Petit in-4°, a 2 fr.—Albums à Découpures.

NOTRE MAISON	LES FÊTES DE L'ENFANCE	LES METIERS
LES PREMIERS JEUX	LA TOILETTE DE LA POUPÉE EN VACANCES	LE CHEVAL

QUATRIÈME SÉRIE.

Format Petit in-8°, a 50 c.

CENDRILLON	LE PETIT CHAPERON ROUGE	LA PETITE POUCETTE
DAME TROTTE ET SA CHATTE	LA VIELLE FEMME ET SON PORCEAU	LES TROIS PETITS POURCEAUX